BEI GRIN MACHT SICH IHR WISSEN BEZAHLT

Tanju Doganay

Robert Koch - Der Einfluss der Arbeiten und die Auswirkung von Robert Koch auf die Entwicklung von Wissenschaft und Industrie

GRIN Verlag

Bibliografische Information der Deutschen Nationalbibliothek:

Die Deutsche Bibliothek verzeichnet diese Publikation in der Deutschen National-bibliografie; detaillierte bibliografische Daten sind im Internet über http://dnb.d-nb.de/ abrufbar.

Impressum:

Copyright © 2008 GRIN Verlag GmbH
Druck und Bindung: Books on Demand GmbH, Norderstedt Germany
ISBN: 978-3-640-39511-8

Dieses Buch bei GRIN:

http://www.grin.com/de/e-book/130731/robert-koch-der-einfluss-der-arbeiten-und-die-auswirkung-von-robert-koch

Robert Koch

Der Einfluss der Arbeiten und das Wirken von Robert Koch
auf die Entwicklung von Wissenschaft und Industrie

Tanju Doganay

16.03.2008

Inhaltsverzeichnis

Einleitung

In unserer Zeit ist es selbstverständlich davon auszugehen, dass viele Infektionskrankheiten ihre Ursache in speziellen Mikroorganismen haben. Allerdings war diese für uns so erscheinende Trivialität nicht vor Kochs Entdeckungen unbestreitbar gewesen. Verschiedenste Vermutungen stellten Wissenschaftler für die Ursache der Infektionskrankheiten auf, doch niedere Organismen wurden nicht für die Erkrankung in Verantwortung gezogen. Daher kann der Leser womöglich erahnen wie revolutionär Kochs Forschungsergebnisse waren.

Dass Robert Koch mit der „größte deutsche Arzt" ist, um es in den Worten von Kaiser Wilhelm II. wiederzugeben (1 S. 192), ist sicher außer Zweifel gestellt. Doch was sind die Gründe für seine so große Stellung in der Medizin? Wieso waren seine Entdeckungen so revolutionär? Und was hat er mit seinem Wirken ausgelöst? All die Antworten auf diese Fragen sollen Gegenstand dieser Abhandlung sein.

Dabei wird der Gang der Untersuchung folgendermaßen erfolgen:

Kapitel eins dieser Arbeit dient dem Leser einen groben Überblick über Kochs Leben zu geben, wobei auch auf seine Persönlichkeit eingegangen werden soll.

Im zweiten Kapitel geht es um die von den damaligen Naturwissenschaftlern weitestgehend anerkannten Theorien bezüglich der Übertragung von Infektionskrankheiten. Des Weiteren soll der geschichtswissenschaftliche Hintergrund, insbesondere die wichtigsten Entdeckungen Kochs, bei der Entstehung der Bakteriologie dargestellt werden.

Damit sind die ersten beiden Kapitel als Hinführung zum Kernthema zu verstehen, sodass sich Kapitel drei mit den Auswirkungen der Forschungsergebnisse von Koch auseinandersetzt.

1   Biographie des Robert Kochs

1843 wurde Heinrich Hermann Robert Koch in Clausthal als drittes von insgesamt 13 Kindern geboren. Als Sohn eines Bergmannes wuchs er in einer Familie auf, die sich durch Fleiß und Strebsamkeit kennzeichnete (vgl. 2 S. 282).

Schon zu Schulzeiten bewies er sein Interesse am Forschen, indem er Pflanzen und Insekten untersuchte (vgl. 1 S. 195).

Sein Studium der Medizin nahm er an der Universität in Göttingen auf, wo er später auch promovierte (vgl. 1 S. 194).

Abb. 1: Robert Koch

Kennzeichnend für Koch war sein großes Interesse an der Medizin. Beispielsweise wurde er zu seinen Studienzeiten bei einem großen wissenschaftlichen Wettbewerb für eine hervorragende Arbeit von ihm mit 80 Talern belohnt, womit man zu der Zeit ein halbes Jahr lang mit bescheidener Lebensweise problemlos hätte auskommen können. Den erzielten finanziellen Überschuss nutzte er allerdings, um an der 39. Tagung der „Gesellschaft Deutscher Naturforscher und Ärzte" in Hannover teilzunehmen (vgl. 1 S. 194). Des Weiteren kann bei ihm auch nicht die Rede von wenig ausgeprägter Strebsamkeit sein - er kürzte z.B. in seiner Studienzeit freiwillig seinen Aufenthalt bei seiner Familie über Weihnachten ab, damit er mit seiner zu derzeit anstehenden wissenschaftlichen Arbeit voranschreitet (vgl. 3 S. 13). Darüber hinaus war er in der Zeit, als er in Langenhagen als Landarzt tätig war, unter den Bürgern für seinen gewissenhaften und pflichteifrigen Charakterzug bekannt (vgl. 3 S. 20).

Zwei Persönlichkeiten hatten während seines Studiums besonders großen Einfluss auf seine wissenschaftliche Laufbahn: Zum einen nahm Koch an den Lehrveranstaltungen des anerkannten Anatom Jakob Henle teil, wodurch er erste Anregungen bezüglich der Bakteriologie erhielt (vgl. 3 S. 12). Zum anderen konnte Koch zu Zeiten seines Studiums durch seinen Onkel, den Chemiker Eduard Biewend, im Bereich des Mikroskopierens sein Wissen erheblich vermehren (vgl. 1 S. 194).

Nach seinem Studium führte er in den kriegerischen Jahren 1870/71, als ärztliche Unterstützung in den Lazaretten, Untersuchungen unter den Soldaten bezüglich infektiöser Krankheiten durch (vgl. 1 S. 195). Diesen offensichtlich bedeutenden Lebensabschnitt Kochs für die Entwicklung der Bakteriologie schildert er selber mit den folgenden, überzeugten Worten: *„Ich werde niemals bereuen, daß ich diesen Schritt gethan und in den Krieg gezogen bin. Abgesehen von den Erfahrungen für die Wissenschaft, welche man hier sammeln kann und die mir mehr werth sind, als wenn ich noch ein halbes Jahr eine chirurgische Klinik besucht hätte, [...]"* (3 S. 17).

Nach dem Krieg (1872) intensivierte Koch in Wollstein seine Forschungstätigkeiten. Als Kreisarzt führte er unter eingeschränkten Möglichkeiten und unter einfachsten Prämissen so lange Untersuchungen durch bis er schließlich durch seine exzellente wissenschaftliche Arbeit über den Milzbrand seinen ersten großen Erfolg errang (vgl. 1 S. 195). Koch beendete nach dem erzielten Erfolg seine Untersuchungen nicht und forschte eifrig weiter, was ihm in den folgenden Jahren zu seinem entscheidenden Durchbruch in der Wissenschaft verhalf: 1882 fand er den Erreger der Tuberkulose und ein Jahr später den Choleraerreger. Mit diesen Entdeckungen löste er in hohem Maße eine Revolution in der Medizin aus.

Zudem hatte er Positionen im öffentlichen Dienst inne: 1880 wurde er zum Reichsgesundheitsamt berufen, und das nicht zuletzt aufgrund seiner Anstrengungen im Bereich der öffentlichen Hygiene. 1885 schied er aus dem Amt aus und wurde in Berlin Professor für Hygiene sowie Direktor des neuen Hygienischen Instituts (vgl. 3 S. 104).

Fünf Jahre vor seinem Tode im Jahre 1910 in Baden-Baden bekam er für die Entdeckung des Tuberkuloseerregers den Nobelpreis (vgl. 3 S. 104).

2 Kochs revolutionäre Forschungsergebnisse

2.1 Die wissenschaftsgeschichtliche Situation

Schon einige Jahrhunderte vor Kochs Zeitalter gab es Wissenschaftler, wie Fracastoro oder Kircher, die die Theorie vertraten, dass die Übertragung der Infektionskrankheiten durch Ansteckung erfolgt und dass die Ursache hierfür Kleinstlebewesen sind. Als diese Annahme nahezu in Vergessenheit geriet, weckte Henle sie Mitte des 19. Jahrhunderts wieder zum Leben. Für die meisten Wissenschaftler seiner Zeit stellte sie lediglich die Weiterführung eines mittelalterlichen Irrtums dar, denn drei Theorien über niedere Organismen – die *„Entstehung durch Urzeugung (Generatio spontanea), ihrer Allgegenwart (Ubiquität) und Vielgestaltigkeit (Pleomorphie)"* (2 S. 279) – waren unter ihnen allgemein anerkannt und akzeptiert. Diese sollten die größten Hindernisse für den Durchbruch der Bakterien- und Parasitenlehre stellen (vgl. 4 S. 123).

Doch die Vorreiter der Bakteriologie, Pasteur, Koch sowie Henle, ließen sich von der herrschenden Theorie nicht beeinflussen. Professor Henle lehrte in seinen Schriften und Vorlesungen vom „Contagium vivum", d.h. zu deutsch ein Lebewesen sei der Grund für die Übertragung infektiöser Krankheiten. Dieser Grundgedanke sollte Koch in seiner laufenden wissenschaftlichen Tätigkeit als entscheidende Basis dienen.

Mitte des 19. Jahrhunderts konnte erstmals in der Geschichte der französische Naturwissenschaftler Louis Pasteur, der übrigens auch die Theorie der Urzeugung experimentell widerlegte (vgl. 3 S. 31), nachweisen und erklären, dass der Gärvorgang des Alkohols und der Milchsäure keine rein chemischen Prozesse, sondern ein Produkt mikroorganischer Tätigkeiten sind. Daher stellte er auch die Vermutung auf, dass Kleinstlebewesen ansteckende Krankheiten verursachen (vgl. 2 S. 279 ff.). Im Laufe der Jahre sollte sich seine Vermutung durch Kochs Entdeckungen, auf die im Folgenden eingegangen wird, erhärten.

2.2 Kochs Entdeckungen

Nach dem Krieg begann Koch seine Forschungsarbeiten wieder aufzunehmen. Im Jahre 1873 startete er mit Untersuchungen des Milzbrandes, der in jener Zeit die Ursache für das Sterben vieler Nutztiere war. Der Nachweis für die Übertragung der Milzbranderkrankung blieb bis dahin aus; man vermutete, dass die Wurzel hierbei in der Wechselwirkung zwischen Tier und Umwelt (z.B. Bodenverhältnisse) liegt (vgl. 1 S. 195 ff.). Dass der Grund für die Erkrankung Bakterien sind, wurde in den meisten Wissenschaftlerkreisen bezweifelt und ausgeschlossen.

Nach drei Jahre langer Untersuchung, mit relativ schlechter technischer Ausstattung, gelang es Koch den Fortpflanzungskreislauf des Milzbranderregers zu erklären sowie die ursächliche Bedeutung der

Bakterien zu belegen[1]. So entdeckte Koch den Auslöser der Milzbranderkrankung – *Bacillus Anthracis.* Als Koch seine neuesten Funde dem Professor Ferdinand Cohn demonstrierte, schilderte Cohn seine Faszination mit den folgenden Worten: *„Dieser Mann hat eine großartige Entdeckung gemacht, die in ihrer Einfachheit und Exactheit der Methode um so mehr Bewunderung verdient, als Koch von aller wissenschaftlichen Verbindung abgeschlossen ist und dies alles aus sich heraus gemacht hat, und zwar absolut fertig. Es ist gar nichts mehr zu machen. Ich halte dies für die größte Entdeckung auf dem Gebiet der Mikroorganismen und glaube, daß Koch uns alle noch einmal mit weiteren Entdeckungen überraschen und beschämen wird!"* (1 S. 196).

Cohn sollte mit seiner Aussage Recht haben. In Koch selbst sei *„unwillkürlich die Hoffnung, daß auch das Typhus- und Cholera-Kontagium in Form von Kugelbakterien oder ähnlichen Schizophyten aufzufinden sein müsse"* (1 S. 197) geweckt worden. Tatsächlich gelang es ihm in den folgenden Jahren weitere bahnbrechende Entdeckungen zu machen.

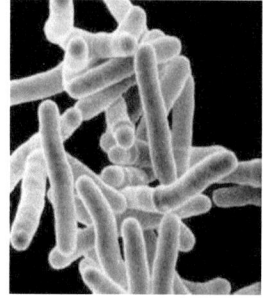

Seine ausnahmslos Größte war die Entdeckung des Tuberkelbazillus *(s. Abb. 2).* Vor Kochs Forschungsergebnis war die Meinung der Wissenschaftler zwiegespalten: Der eine Teil glaubte, dass die Tuberkulose durch Vererbung verursacht wird, der andere hielt sie als eine ansteckende Krankheit; der Nachweis blieb bis dahin aus. Ende des Jahres 1881 entdeckte Koch, mithilfe der guten technischen Ausstattung des Berliner Charité, innerhalb von sechs Monaten den Tuberkelbazillus, sodass er die Zweifel an der Rolle der

Abb. 2: Mycobacterium tuberculosis

niederen Lebewesen bei der Übertragung der Infektionskrankheiten ausräumte (vgl. 1 S. 200 ff.).

Im Jahre 1884 konnte er bei seinen Aufenthalten in Ägypten *(s. Abb. 3)* und Indien, mithilfe seiner bis dahin angesammelten Erfahrungen, den Erreger der Cholera entdecken (vgl. 3 S. 54).

Seinen Entdeckungen öffneten Tür und Tor für die Bekämpfung von Infektionskrankheiten und beeinflusste damit die Medizin entscheidend.

Abb. 3: Robert Koch (dritter von rechts) auf der
deutschen Cholera-Expedition in Ägypten 1884

---

[1] Er impfte Mäuse mit Bazillen, sodass sie ohne Ausnahme alle daran erkrankten (vgl. 1 S. 196).

3   Auswirkungen seiner Untersuchungen

3.1   Die Bakteriologie – die Geburt einer neuen Wissenschaft

Die Bakteriologie ist die „Wissenschaft von den kleinsten einzelligen Mikroorganismen, ihrer krankheitserregenden Potenz und den Möglichkeiten ihrer Bekämpfung" (2 S. 281). Wie schon oben geschildert war einer seiner wichtigsten Gründer Robert Koch. Durch Kochs revolutionäre Arbeitsergebnisse konnten endgültig falsch angenommene Theorien der Mikro- bzw. Zellbiologie widerlegt werden.

Einige Grundlagen dieser neuen Wissenschaft waren schon vor Kochs Entdeckungen von Wissenschaftlern, wie Pasteur, ausgearbeitet worden. In den 70ern des 19. Jahrhunderts wurde damit der Motor des Forschens nach Krankheitserregern in Gang gesetzt, welcher durch die oben genannten Arbeitsergebnisse Kochs einen zusätzlichen Impuls erhielt. Angeregt von Kochs Erfolgen entdeckten Wissenschaftler binnen kürzester Zeit etliche Erreger von bestimmten Infektionskrankheiten. Diese rasante Fortentwicklung soll anhand der folgenden Tabelle verdeutlicht werden:

Tabelle 3.1 Übersicht über die Infektionskrankheiten und die Entdecker ihrer Erreger (3 S.128)

Jahr	Entdecker	Erreger
1875	Lesh	Amöbenruhr
1879	Neisser	Gonorrhoe
1880	Ebert	Unterleibstyphus
	Laveran	Lepra
1882	**Koch**	**Tuberkulose**
	Löffler	Rotz(Maliasmus)
1883	Fehleisen	Erysipel
	Koch	**Cholera**
1884	Klebs und Löffler	Diphterie
	Nicolaier und Kitasato	Tetanus
	Fraenkel	Pneumonie
1887	Weichselbaum	Meningitis epidemica
	Bruce	Maltafieber
1889	Ducrey	weicher Schanker
1892	Welch	Gasbrand
1894	Yersin und Kitasato	Pest
1898	Shiga	Bakterienruhr
1901	Bruce und Dutton	Schlafkrankheit
1905	Schaudinn	Syphilis
1906	Bordet	Keuchhusten

Es ist eindeutig, dass Koch und seine Schule für den „Ausbau der Bakteriologie zu einer in Methoden und Inhalt perfekten Wissenschaft" (1 S.203) einer der größten Beiträge leistete.

3.2 Präventive Medizin – Die Immunisierung

Die Entdeckungen der Erreger und ihrer Züchtung in Reinkultur verleiteten die Wissenschaftler sich nicht lediglich mit dem Nachweis von Krankheitserregern zu beschäftigen, sondern auch nach deren Charakteristiken, Lebensbedingungen und Übertragungsweisen zu forschen, um daraus prophylaktische sowie bekämpfende Maßnahmen auszuarbeiten (*Prävention*) (vgl. 3 S. 128). In der Medizin wird unter Prävention die „Vorkehrungen zur Verhütung von Gesundheitsstörungen sowie ärztliche Maßnahmen zur Überwachung und Erhaltung der Gesundheit" (5 S. 362) verstanden. Der wissenschaftliche Durchbruch hinsichtlich präventiver Maßnahmen gegen Infektionen war bis Anfang der 90er Jahre des 19. Jahrhunderts nicht erfolgt.

Beispielsweise hatte man damals nach Kochs Entdeckung des Tuberkuloseerregers noch kein heilendes Gegenmittel für die entsprechende Krankheit entwickelt[2] – das von Koch selbst entdeckte „Tuberkulin" kann nicht als solches angenommen werden, da es ein diagnostisches Hilfsmittel und damit kein Heilmittel (*Therapeutikum*) ist (vgl. 8). (Übrigens findet das Tuberkulin noch heute beim sogenannten Tuberkulintest Anwendung, wobei eine vorangegangene oder gegenwärtige Tuberkulose-Infektion festgestellt werden kann.)

Einige Schüler Kochs arbeiteten an wirksamen Abwehrmaßnahmen gegen Infektionen. Ziel war es den menschlichen Körper gegen spezielle Krankheiten immun zu machen (*Immunisierung*). Die Immunität wird als die „Unempfindlichkeit des Organismus gegenüber bestimmten Krankheitserregern" (11 S. 113) definiert. Hierbei unterscheidet man die *aktive* von der *passiven* *Immunisierung*.

Im Gegensatz zur passiven Immunisierung bietet die aktive einen Langzeitschutz (oft über mehrere Jahre) vor einer Infektionskrankheit. Sie zielt auf die Abwehrbereitschaft des Organismus gegenüber Krankheitserregern ab. Bei dieser Methode der Immunisierung werden dem Menschen dermaßen abgeschwächte Erreger einer Krankheit injiziert, dass der Mensch die (typischen) Krankheitssymptome nicht erfährt (*s. Abb. 4*). Der positive Effekt hierbei ist, dass der menschliche Körper, als Gegenreaktion auf das Injizieren der Erreger, Gedächtniszellen und eigene Antikörper gegen den Erreger bildet. Der Organismus des Menschen ist durch diese Antikörper nun in der Lage, die injizierten Erreger abzutöten. Für den Langzeitschutz sorgen die neu entstanden Gedächtniszellen, da diese beim Zweitkontakt mit den Erregern die Immunantwort des menschlichen Körpers beschleunigt.

Allerdings ist diese Art der Immunisierung nicht gegen jede Infektion wirksam. Beispielsweise werden die Gedächtniszellen des Menschen von HIV- bzw. Malariaerregern „überrumpelt", da die Erreger ständig neue Krankheitsstämme bilden. Die Wirkung der Zellen und damit die Immunität gegenüber der entsprechenden Infektion sind dann nicht mehr gegeben.

---

[2] Sie erfolgte erst mit dem Einsatz von Paraaminosalicylsäure (PAS) im Jahre 1946 (vgl. 2 S. 333).

9

Im Gegensatz zur aktiven Immunisierung kann die passive erst dann zum Einsatz kommen, wenn sich der Patient bereits infiziert hat. Durch Spritzen von Erregern der zu heilenden Erkrankung in die Blutbahn eines Tieres (z.b. Pferd oder Kaninchen), das als Gegenreaktion kurze Zeit später Antikörper (= Immunglobin) bildet, können die Antikörper aus dem tierischen Serum gewonnen und in die menschlichen Blutbahnen geimpft werden (s. Abb. 4). Damit steigt die Anzahl der Antikörper der zu heilenden Krankheit im Blutsystem schnell an, wodurch eine schnelle Heilung oder aber ein sofortiger Schutz vor der Infektion bezweckt wird. Da der Körper sich hierbei passiv verhält, wird aus diesem Grund diese Art der Immunisierung passive Immunisierung genannt. Ein Nachteil hierbei ist, dass diese Immunität nur für eine kurze Zeit gegeben ist, da keine Gedächtniszellen im Organismus des Menschen gebildet werden. Damit kann sich der menschliche Körper grundsätzlich immer wieder mit dem entsprechenden Erreger infizieren (vgl. 9).

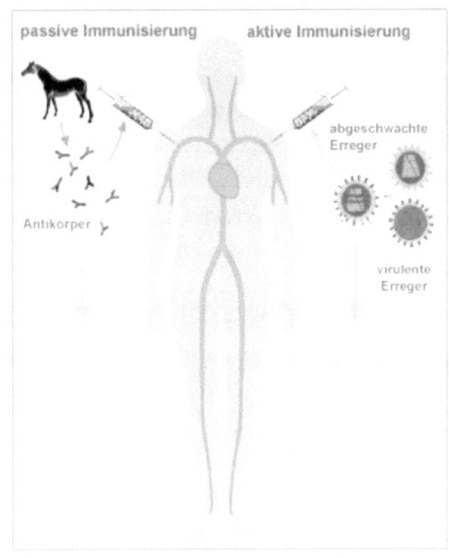

Abb. 4: Immunisierung

Pionier im Feld der passiven Immunisierung war vor allem Kochs Schüler und Mitarbeiter Emil von Behring. Im Jahre 1891 gelang es Behring an Diphterie erkrankte Kinder mit einem Serum, das er von Schafen gewann, vor dem Tod zu retten. Durch diesen Erfolg war der wissenschaftliche Durchbruch seiner genialen Idee realisiert. Nun konnte die zuvor meist tödlich ausgehende Kinderkrankheit mit Hilfe seines Serums geheilt werden. Vor der Realisierung dieser Behandlung war die Diphtherie die Krankheit, die eine der höchsten Sterblichkeitsraten aufzeigte (vgl. 10). Bis zu dieser Entdeckung war nahezu die Hälfte der Todesfälle durch die Diphterie verursacht, wonach die Rate auf vier(!) Prozent sank (vgl. 12 S. 51).

Des Weiteren entdeckte Behring gegen Ende des 19. Jahrhunderts auch ein Serum gegen Tetanus, welches besonders im Ersten Weltkrieg erfolgreich zum Einsatz kam. Damit konnten etliche Soldaten, die in den schmutzigen Gräben Stellung nahmen und laufend einer Infektionsgefahr gegenüberstanden, vor der Krankheit geschützt werden. Seine großen Erfolge wurden im Jahre 1901 mit dem Nobelpreis ausgezeichnet, den er übrigens als erster für die Medizin erhielt.

3.3 Biotechnologie

Mit der Entstehung der Mikrobiologie können die biochemischen Leistungen von Mikroorganismen in der Industrie auch systematisch genutzt werden (*Biotechnologie*): Beispielsweise kommen heutzutage Mikroorganismen bei Nahrungsmittelherstellung gezielt zum Einsatz, wie z.b. bei alkoholischen Getränken, Backwaren, Käse oder Sauerkraut.

Durch Hefe-Fermentation kann man u.a. Bier oder Wein produzieren. Zur Bierproduktion werden Brauhefen (*Saccharomyces* cerevisiae) und zur Weinherstellung Weinhefen (*Saccharomyces ellipsoides*) verwendet. Beide Kulturen sorgen hierbei dafür, dass die entsprechenden Kohlenhydrate[3] zu Ethanol (= Alkohol) vergären (vgl. 13 S. 167ff.). Des Weiteren ermöglicht die Fermentation durch Milchsäurebakterien die Herstellung von Käse. Die Milchsäurebakterien *Lactobacillus* und *Streptoccus* werden zur Ansäuerung und/oder Gerinnung der Milch genutzt. Will man in dem Käse noch Löcher (wie im Emmentaler) bilden, muss man hierzu die *Propionsäurebakterien* zusätzlich verwenden (vgl. 13 S. 173).

Überdies kann man mit von Mikroorganismen erzeugten Stoffwechselprodukten nützliche Produkte erhalten, wie beispielweise Antibiotika oder Aminosäuren.

Die Antibiotika wirken im Organismus abtötend bzw. wachstumshemmend. Zu meist sind Schimmelpilze ihre Produzenten. 1929 entdeckte Alexander Fleming als Erster ein Antibiotikum namens *Penicillin* (vgl. 13 S. 175). Im Rahmen seiner Forschungen machte er die bahnbrechende Feststellung, dass dieser Pilz bakterienkulturvernichtende Wirkung hat. Nachdem in den vierziger Jahren des 20. Jahrhunderts die Möglichkeit einer Massenproduktion gegeben war, konnte dieses Antibiotikum gegen Ende des Zweiten Weltkrieges zunehmend zum Einsatz kommen und etliche Invasionstruppen der Alliierten vor dem krankheitsbedingten Tod bewahren (vgl. 2 S. 331ff.). Damit wurde ein entscheidender Beitrag zur Bekämpfung von Infektionskrankheiten geleistet.

Zudem sind Bakterien bei der Produktion von *essenziellen* Aminosäuren von großer Bedeutung. Aminosäuren sind chemisch gesehen die Einzelbausteine von *Proteinen* (vgl. 14 S. 252). Dabei gibt es 20 verschiedene Aminosäuren, wovon acht *essenziell* sind, d.h. der menschliche Organismus muss diese mit der Nahrung aufnehmen, da er die acht Aminosäuren nicht eigen produzieren kann (vgl. 15 S. 14). Diese sind wichtige Wachstumsfaktoren für den menschlichen sowie tierischen Körper (vgl. 14 S. 252). Beispielsweise dienen *Lysin, Tryptophan, Theronin* und *Methonin* als Nahrungsmittelergänzung, um den täglichen Bedarf an gesundheitsfördernder Nahrung des Menschen gezielt zu ergänzen. Darüber hinaus kann man mit der Kultur *Corynebacterium glutamicum* Glutaminsäure erhalten, welcher als Geschmacksverstärker und Würzmittel genutzt wird (vgl. 14 S. 252).

---

[3] beim Brauvorgang wird Glucose und bei der Weinherstellung Traubenzucker chemisch umgesetzt (vgl. 13 S.172)

4   Zusammenfassung

Den medizinischen Fortschritt, den die Menschheit in den letzten Generationen erzielt hat, hat sie sicher Robert Koch, einen der größten Mediziner aller Zeiten, zu verdanken. Denn durch seine unermüdlichen Forschungsarbeiten schuf er die wichtigsten Grundlagen für die Forschung von Mikroorganismen.

Zudem gewann er geniale Wissenschaftler für die Mikro- bzw. Zellbiologie, indem er sie selbst ausbildete und sein Wissen mit ihnen teilte. Wie hätte es auch anders kommen sollen, als dass aus der Mischung eines enorm erfolgreichen Mediziners „par excellence" mit jungen engagierten Forschern viele hervorragende Wissenschaftler – wie Georg Gaffky, Emil Behring, Friedrich Loeffler und Paul Ehrlich, die alle bei Robert Koch als Assistent tätig waren – hervorkamen (vgl. 3 S. 68 ff.)?

Mit der Aufklärung des Milzbranderregers als spezifische Ursache einer Infektionskrankheit wurde Koch ausnahmslos   zum einen der wichtigsten Mitbegründer der bakteriologischen Wissenschaft, die der Medizin im 20. Jahrhundert den neuen richtungsweisenden Leitstrom geben sollte.

Damit war auch der Weg für das Konzept der spezifischen Immunität geebnet. Die Immunisierung des menschlichen Organismus gegenüber Infektionen stellte erstmals in der Geschichte wirksame Schutzmaßnahmen und Behandlungen gegen bestimmte Erkrankungen dar, welche nicht unerheblich für den starken Anstieg der Lebenserwartung in den entwickelten Ländern war[4] (vgl. 4 S. 67).

Die unbekannte Zahl der Menschen, die aufgrund Kochs Errungenschaften nicht an einer Infektion starben, läuft mit Sicherheit auf mehrere hundert Millionen hinaus. Damit nimmt Koch mit seinem Wirken in der Medizin zusätzlich die Rolle des Lebensretters vieler Menschen an.

Erst die wissenschaftliche Kenntnis über Erreger von Infektionskrankheiten, die ja gerade Mal seit knapp einem Jahrhundert besteht, und der Ausbau der Hygiene haben die Infektionskrankheiten in den entwickelten Ländern weitgehend unter Kontrolle gebracht.

Allerdings darf man hierbei die in den Entwicklungsländern existierenden Zustände nicht in Vergessenheit geraten lassen. Denn diese sind ein Beispiel dafür, dass derartige Kenntnisse immer noch nicht schlichtweg zur Auslöschung von Infektionskrankheiten führen, falls nicht bestimmte gesellschaftliche und ökonomische Umstände für den vollkommenen Gebrauch dieses Wissens geeignet sind. Schon zu Kochs Zeiten wäre man mit den Kenntnissen in der Lage gewesen, die Erreger vollkommen zu vernichten. Allerdings tragen in den Entwicklungsländern noch immer miese hygienische sowie gesellschaftliche Prämissen Sorge für das weitere Bestehen und der Expansion der Infektionskrankheiten.

---

[4] 1850 betrug sie noch 36 Jahre; etwa ein Jahrhundert später hatte sie sich auf 77 Jahre verdoppelt (vgl. 4 S. 67)

5 Quellenangaben

5.1 Literaturverzeichnis

1. **Christian, Probst.** Robert Koch. [Hrsg.] Peter Wiench. *Die großen Ärzte.* München : Kindler Verlag GmbH, 1982.
2. **Eckart, Wolfgang U.** *Geschichte der Medizin.* Berlin Heidelberg New York : Springer-Verlag, 1998.
3. **Vasold, Manfred.** *Koch: Der Entdecker von Krankheitserregern.* Heidelberg : Spektrum der Wissenschaft Verlagsgesellschaft mbH, 2002.
4. **Ackerknecht, Erwin H.** *Geschichte der Medizin.* Stuttgart : Ferdinand Enke Verlag, 1992.
5. **Heinrich Schnipperges in Zusammenarbeit mit Meyers Lexikonred.** *Geschichte der Medizin in Schlaglichtern.* Mannheim : Meyers Lexikonverlag, 1990.
6. **OnVista Media GmbH.** Onmeda: Medizin und Gesundheit. *Koch, Robert.* [Online] [Zitat vom: 2. Dezember 2007.] http://www.onmeda.de/lexika/persoenlichkeiten/koch.html.
7. **Mta-labor.info.** *Serologie.* [Online] http://www.mta-labor.info/front_content.php?idcat=17.
8. **Tuberkulose-Diagnose.** *Gesundheit und Medizin auf netdoktor.de.* [Online] [Zitat vom: 4. Januar 2008.] http://www.netdoktor.de/krankheiten/tuberkulose-diagnose.htm
9. **Daniel Jerolm, Markus Sass.** Aktive und passive Immunisierung. [Online] [Zitat vom: 05. März 2008.] http://www.bionet.schule.de/~grube/e+h/infdiseu/3_3_de_g.htm.
10. **Novartis AG.** Novartis Behring : Emil von Behring. [Online] [Zitat vom: 05. März 2008.] http://www.novartis-behring.de/about/uebernovartisbehring_emilvonbehring.php.
11. **Thor-Wiedemann, S., et al.** *Medizinische Biologie - Bau und Funktionen des gesunden und kranken Körpers.* Stuttgart : Ernst Klett Schulbuchverlag GmbH, 2000.
12. **Deichmann, Thomas und Spahl, Thilo.** *Mensch & Gesundheit.* München : Deutscher Taschenbuch Verlag GmbH & Co. KG, 2006.
13. **Held, Andreas.** *Prüfungs-Trainer Mikrobiologie.* München : Elsevier GmbH, 2004.
14. **Compact Verlag .** *Grosses Handbuch Genetik - Grundwissen und Gesetze.* München : Compact Verlag , 2005.
15. **Kreutzig, Thomas.** *Biochemie - Kurzlehrbuch zum Gegenstandskatalog.* s.l. : Urban & Fischer Verlag München Jena, 2002.

5.2 Abbildungsverzeichnis